HISTOIRE NATURELLE

DES

POISSONS D'EAU DOUCE.

EMBRYOLOGIE.

HISTOIRE NATURELLE

DES

POISSONS D'EAU DOUCE

DE L'EUROPE CENTRALE;

PAR

L^s AGASSIZ.

EMBRYOLOGIE DES SALMONES

PAR

C. VOGT.

NEUCHATEL (SUISSE),

(aux frais de l'auteur.)

INSTITUT LITHOGRAPHIQUE DE H. NICOLET.

1842.

EXPLICATION DES SIGNES.

a. Membrane coquillière.
b. Vitellus.
c. Vésicule germinative.
d. Granules vitellaires.
e. Gouttes d'huile.
f. Albumen.
g. Membrane vitellaire.
h. Vessie vitellaire.
i. Tête de l'embryon.
k. Corps.
l. Queue.
m. Carènes dorsales.
m' Bande primitive.
n. Fente dorsale.
o. Lobes oculaires.
p. Corde dorsale.
q. Divisions vertébrales.
r. Gaine de la corde dorsale.
s. Courbe céphalique.
t. Courbe nuchale.
u. Courbe du tronc.
v. Couche épidermoïdale.
x. Prosencéphale.
y. Mésencéphale.
z. Epencéphale.
α. Carènes de l'épencéphale.
β. Système choroïdal.
γ. Crystallin.
δ. Colobome de l'iris.
ε. Corps vitré.
ζ. Oreille.
η. Hypophyse.
θ. Moelle épinière.
μ. Nageoire pectorale.
ξ. Glande pinéale.
π. Pupille.
ρ. Anus.
σ. Urètre.

τ. Cœur.
τ' Oreillette.
τ'' Ventricule.
τ''' Bulbe aortique.
ω. Foie.
ω' Canal cholédoque.
1. Intestin ventral.
2. Intestin buccal.
3. Nageoire caudale.
4. » embryonique du ventre.
5. » dorsale.
5' » adipeuse.
6. » anale.
7. » ventrale.
8. Bouche.
10. Reins.
11. Nez.
12. Mâchoire inférieure.
13. Os hyoïde.
14. Opercule.
15. Mâchoire supérieure.
16. Vessie natatoire.
17. Ligne latérale.
I. II. III. IV. V. } Désignent les fentes et arcs branchiaux.
A. Germe.
B. Membrane de la cellule.
C. Cavité.
D. Noyau.
E. Nucléole.
F. Contenu cellulaire.
G. Membrane épidermoïdale.
I. Trou vitellaire.
K. Anses latérales du crâne.
L. Fausses branchies.

ERKLÆRUNG DER ZEICHEN.

a. Eischalenhaut.
b. Dotter.
c. Keimblæschen.
d. Dotterkœrnchen.
e. Fetttropfen.
f. Eiweiss.
g. Dotterhaut.
h. Dotterblase.
i. Kopf des Embryo.
k. Rumpf desselben.
l. Schwanz.
m. Rückenwülste.
m' Primitivstreifen.
n. Rückenfurche.
o. Augenwülste.
p. Rückensaite.
q. Wirbelabtheilungen.
r. Chordalscheide.
s. Kopfbeuge.
t. Nackenbeuge.
u. Rumpfbeuge.
v. Umhüllungshaut.
x. Vorderhirn.
y. Mittelhirn.
z. Nachhirn.
α. Nachhirnwülste.
β. Choroidalsystem.
γ. Krystallinse.
δ. Augenspalt.
ε. Glaskœrper.
ζ. Ohr.
η. Hirnanhang.
θ. Rückenmark.
μ. Pectoralflosse.
ξ. Zirbeldrüse.
π. Pupille.
ρ. After.
σ. Harnleiter.

τ. Herz.
τ' Vorkammer.
τ'' Kammer.
τ''' Aortenbulbus.
ω. Leber.
ω' Gallengang.
1. Afterdarm.
2. Munddarm.
3. Schwanzflosse.
4. Embryonale Bauchflosse.
5. Rückenflosse.
5' Fettflosse.
6. Afterflosse.
7. Bauchflosse.
8. Maul.
10. Nieren.
11. Nase.
12. Unterkiefer.
13. Zungenbein.
14. Kiemendeckel.
15. Oberkiefer.
16. Schwimmblase.
17. Seitenlinie.
I. II. III. IV. V. } Bezeichnen die Kiemenspalten und Bogen, welche dazu gehœren.
A. Embryonalanlage.
B. Zellenmembran.
C. Zellenhœhle.
D. Zellenkern.
E. Nucleolus.
F. Zelleninhalt.
G. Umhüllungshaut.
I. Dotterloch.
K. Seitliche Schædelbalken.
L. Nebenkiemen.

EXPLANATION OF THE SIGNS.

a. Shelly membrane.
b. Yelk.
c. Germinal vesicle.
d. Yelk globules.
e. Oil drops.
f. Albumen.
g. Yelk membrane.
h. Yelk vesicle.
i. Head of the embryo.
k. Trunk of the same.
l. Tail.
m. Dorsal keel.
m'. Primitive stripe.
n. Dorsal furrow.
o. Ocular lobes.
p. Dorsal cord.
q. Vertebral divisions
r. Sheath of the dorsal cord.
s. Cephalic bow.
t. Nuchal bow.
u. Truncal bow.
v. Epidermoidal stratum.
x. Prosencephalon.
y. Mesencephalon.
z. Epencephalon.
α. Keel of the epencephalon.
β. Choroidal system.
γ. Crystalline lens.
δ. Fissure of the iris.
ε. Vitreous humour.
ζ. Ear.
η. Hypophysis.
θ. Spinal marrow.
μ. Pectoral fin.
ξ. Pineal gland.
π. Pupil.
ρ. Anus.
σ. Ureter.

τ. Heart.
τ' Auricle.
τ'' Ventricle.
τ''' Bulbus aorticus.
ω. Liver.
ω' Ductus choledocus.
1. Ventral intestine.
2. Buccal intestine.
3. Caudal fin.
4. Embryonic ventral fin.
5. Dorsal fin.
5' Adipose fin.
6. Anal fin.
7. Ventral fin.
8. Mouth.
10. Kidneys.
11. Nose.
12. Lower jaw.
13. Hyoidal bone.
14. Opercle.
15. Upper jaw.
16. Air bladder.
17. Lateral line.
I. II. III. IV. V. } Indicate the branchial fissures and the branchial arches.
A. Germ.
B. Membrane of the cell.
C. Cavity of the cell.
D. Nucleus.
E. Nucleolus.
F. Cellular content.
G. Epidermoidal membrane.
I. Vitellar hole.
K. Lateral bow of the skull.
L. False branchiæ.

TAB. I.

Fig. 1—6. Oeufs non mûrs, d'âges divers, tels qu'ils se trouvent dans l'ovaire.

Fig. 7 et 8. L'œuf mûr au moment de sa sortie de l'ovaire; fig. 7, d'en haut; fig. 8, de profil. Les petites figures au-dessous des grandes représentent la grandeur naturelle.

Fig. 9 et 10. L'œuf après qu'il a séjourné quelque temps dans l'eau.

Fig. 11. Première apparition du germe embryonique. Premier jour.

Fig. 12. Le germe avant l'apparition des sillons. Second jour.

Fig. 13—19. Différentes formes d'œufs gâtés.

Fig. 20—22. L'embryon au dixième jour; fig. 20, de profil; fig. 21, en face; fig. 22, d'en haut.

Fig. 23—25. L'embryon de onze jours; fig. 23, vu en face, à travers l'œuf, fig. 24, vu de profil; fig. 25, coupe du dos.

Fig. 26 et 27. L'embryon de douze jours; fig. 26, la tête vue en face; fig. 27, l'embryon vu de profil sous un fort grossissement.

Fig. 28. Embryon de treize jours, vu en face.

Fig. 29. Embryon de quatorze jours; la tête vue de profil.

Fig. 30—32. Embryon de seize jours; fig. 30, vu en face, fig. 31, vu de profil, fig. 32, vu d'en haut.

Fig. 33. Embryon de dix-huit jours vu en face.

Fig. 1—6. Unreife, noch im Ovarium enthaltene Eier, in verschiedenen Entwicklungsstadien.

Fig. 7 und 8. Das reife Ei im Momente des Austritts; Fig. 7 von oben; Fig. 8, von der Seite. Die kleinere Figur unter der grössern zeigt die natürliche Grösse.

Fig. 9 und 10. Das Ei nach mehrstündigem Verweilen im Wasser.

Fig. 11. Erstes Auftreten der Embryonalanlage. Erster Tag.

Fig. 12. Die Embryonalanlage, vor dem Auftreten der Furchung. Zweiter Tag.

Fig. 13—19. Verschiedene Formen von verdorbenen Eiern.

Fig. 20—22. Zehntägiger Embryo; Fig. 20, von der Seite; Fig. 21 von vorn; Fig 22, von oben.

Fig. 23—25. Embryo von eilf Tagen; Fig. 23, von vorn, durch das Ei hindurch gesehen; Fig. 24, von der Seite; Fig. 25, Durchschnitt des Rückens.

Fig. 26 und 27. Embryo von zwölf Tagen: Fig. 26, Ansicht des Kopfes von vorn; Fig. 27, Seitenansicht, bei starker Vergrösserung.

Fig. 28. Embryo von dreizehn Tagen, von vorn gesehen.

Fig. 29. Embryo von vierzehn Tagen; Seitenansicht des Kopfes.

Fig. 30—32. Embryo von sechzehn Tagen: Fig. 30, von vorn; Fig. 31, von der Seite; Fig. 32, Kopf von oben.

Fig. 33. Embryo von achtzehn Tagen, von vorn.

Fig. 1—6. Different states of growth of the immature egg in the ovary.

Fig. 7—8. A ripe egg, as seen on its leaving the ovary; fig. 7, from above; fig. 8, sideways; the little figures below are of the natural size.

Fig. 9—10. Eggs after having been some time in water.

Fig. 11. First appearance of the embryonic germ. First day.

Fig. 12. The germ before the appearance of the sulci. Second day.

Fig. 13—19. Different forms of spoiled eggs.

Fig. 20—22. The embryo, ten days old; fig. 20, sideways; fig. 21, facing, fig. 22, from above.

Fig. 23—25. The embryo eleven days old; fig. 23, seen facing, through the transparent egg; fig. 24, sideways; fig. 25 is a section of the back.

Fig. 26—27. The embryo twelve days old; fig. 26, shews the head facing; fig. 27 is a magnified figure of the embryo seen sideways.

Fig. 28. The embryo thirteen days old, seen facing.

Fig. 29. The embryo, fourteen days old; the head is greatly magnified and seen sideways.

Fig. 30—32. The embryo sixteen days old; fig. 30, seen facing; fig. 31, sideways; fig. 32, the head seen from above.

Fig. 33. The embryo eighteen days old, seen facing.

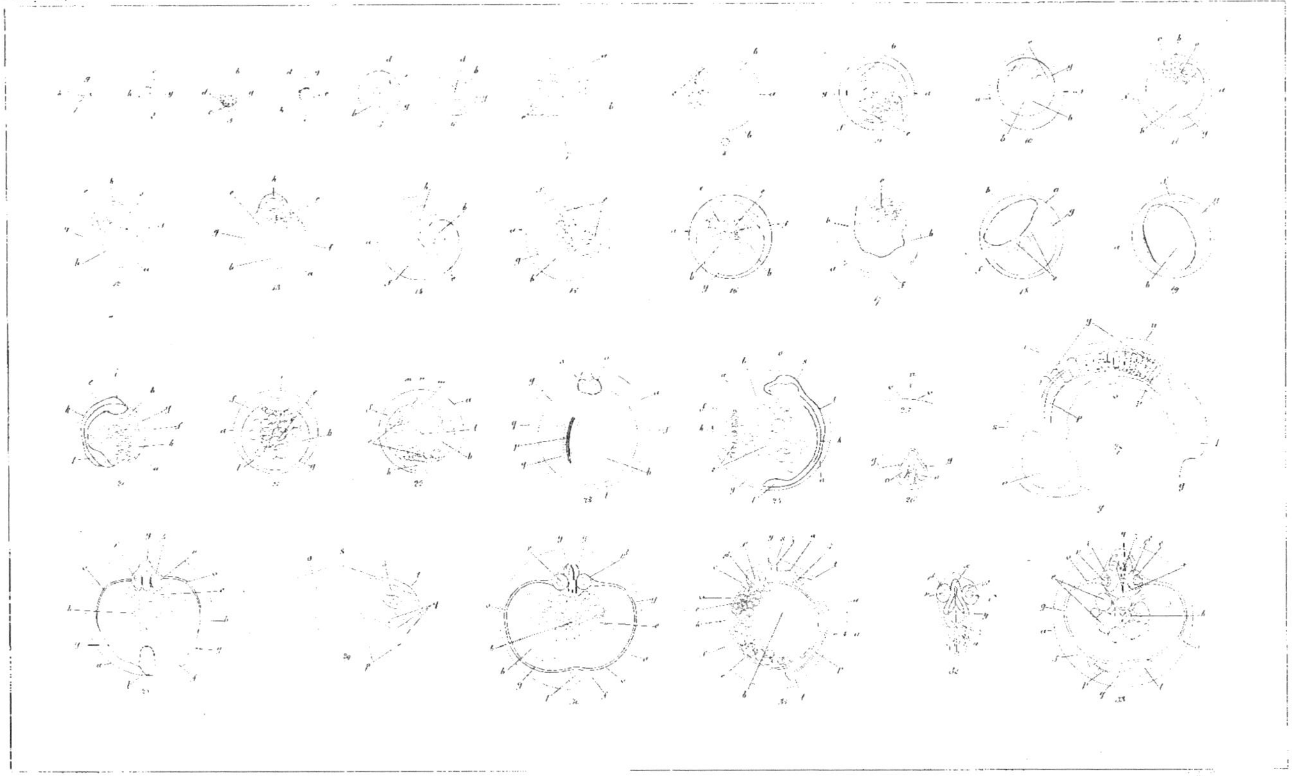

Embryologie des Salmones Entwicklung der Salmonen Embryology of the Salmonidæ

Embryogénie des Ascidies   Entwicklung der Ascidien   Embryology of the Ascidians

TAB. II.

Fig. 34 et 35. Embryon de dix-huit jours; fig. 34, vu de profil; fig. 35, cœur de l'embryon.

Fig. 36 et 37. Embryon de dix-neuf jours; fig. 36, vu de profil; fig. 37, cœur de l'embryon.

Fig. 38. Embryon de vingt-deux jours, vu de profil sous un fort grossissement.

Fig. 39 et 40. Embryon de vingt-trois jours; fig. 39, la tête, vue d'en haut; fig. 40 la tête, vue en face.

Fig. 41 et 42. Embryon de vingt-sept jours; fig. 41, vu d'en haut; fig. 42, vu de profil.

Fig. 43—45. Embryon de vingt-huit jours; fig. 43, vu d'en haut; fig. 44, vu de profil; fig. 45, la tête, vue d'en haut.

Fig. 46 et 47. Embryon de vingt-neuf jours; fig. 46, vu de profil; fig. 47, la tête, vue d'en haut.

Fig. 48. Vaisseaux du tronc d'un embryon de trente jours.

Fig. 49—52. Embryon de trente jours; fig. 49, vu de profil; fig. 50, l'oreille isolée; fig. 51, la tête vue d'en haut; fig. 52, la tête vue de profil.

Fig. 53 et 54. Oreille d'un embryon de trente-deux jours; fig. 53, vue de profil, fig. 54, vue d'en haut.

Fig. 55. Tête d'un embryon de trente-trois jours, vue d'en haut.

Fig. 56. Embryon de trente-cinq jours.

Fig. 57—59. Embryon de trente-six jours; fig. 57, vu d'en haut; fig. 58, la tête vue de profil, fig. 59, la tête vue en face.

Fig. 34 und 35. Embryo von achtzehn Tagen; Fig. 34, von der Seite; Fig. 35, das Herz desselben.

Fig. 36 und 37. Embryo von neunzehn Tagen; Fig. 36, von der Seite; Fig. 37, Herz desselben.

Fig. 38. Embryo von zwei und zwanzig Tagen; von der Seite, stark vergrössert.

Fig. 39 und 40. Embryo von drei und zwanzig Tagen; Fig. 39, der Kopf von oben; Fig. 40, derselbe von vorn.

Fig. 41 und 42. Embryo von sieben und zwanzig Tagen; Fig. 41, von oben; Fig. 42, von der Seite.

Fig. 43—45. Embryo von acht und zwanzig Tagen; Fig. 43, von oben; Fig. 44, von der Seite; Fig. 45, Kopf von vorn.

Fig. 46 und 47. Embryo von neun und zwanzig Tagen; Fig. 46, von der Seite; Fig. 47, Kopf von vorn.

Fig. 48. Rumpfgefässe eines Embryo's von dreissig Tagen.

Fig. 49—52. Embryo von ein und dreissig Tagen; Fig. 49, von der Seite; Fig. 50, Ohr isolirt; Fig. 51, Kopf von oben; Fig. 52, von der Seite.

Fig. 53 und 54. Ohr eines Embryo von zwei und dreissig Tagen; Fig. 53, von der Seite; Fig. 54, von oben.

Fig. 55. Kopf eines Embryo von drei und dreissig Tagen; von oben.

Fig. 56. Embryo von fünf und dreissig Tagen.

Fig. 57—59. Embryo von sechs und dreissig Tagen. Fig. 57, von oben; Fig. 58, Kopf von der Seite; Fig. 59, von vorn.

Fig. 34—35. The embryo eighteen days old; fig. 34, seen sideways; fig. 35 heart of the same.

Fig. 36—37. The embryo nineteen days old; fig. 36, sideways; fig. 37, heart of the embryo.

Fig. 38. The embryo twenty two days old, seen from the side, highly magnified.

Fig. 39—40. Head of the embryo twenty three days old; fig. 39, from above; fig. 40, facing.

Fig. 41—42. The embryo twenty seven days old; fig. 41, from above; fig. 42, sideways.

Fig. 43—45. The embryo twenty eight days old; fig. 43, from above; fig. 44, sideways; fig. 45, the head from above.

Fig. 46—47. The embryo twenty nine days old; fig. 46, seen sideways; fig. 47, the head facing.

Fig. 48. Vessels of the trunk of the embryo thirty days old.

Fig. 49—52. The embryo thirty one days old; fig. 49, sideways; fig. 50 represents the ear seen from above, fig. 51, the head seen from above and fig. 52, seen in profile.

Fig. 53—54. The ear of the embryo thirty two days old; fig. 53 seen sideways; fig. 54, from above.

Fig. 55. Head of the embryo thirty three days old, seen from above.

Fig. 56. The embryo thirty five days old.

Fig. 57—59. The embryo thirty six days old; fig. 57 shews the whole egg as seen from above; fig. 58, the head seen in profile; fig. 59 the head facing.

Embryologie des Salmones — Entwicklung der Salmonen. — Embryology of the Salmonidæ

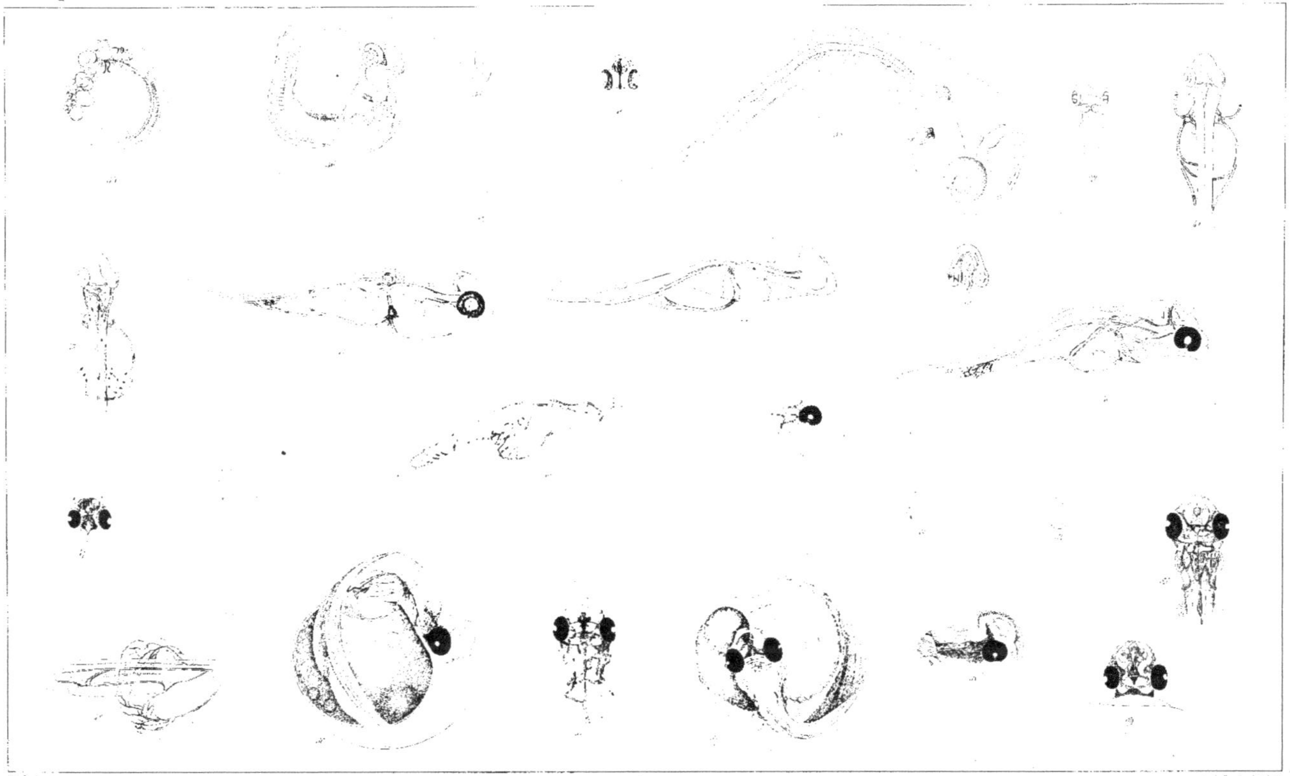

Embryologie des Salmones Entwicklung der Salmonen Embryology of the Salmonidæ

TAB. III.

Fig. 60—63. Tête d'un embryon de trente-huit jours; fig. 60, vue d'en haut, fig. 61, vue de profil, fig. 62, vue par derrière, fig. 63, vue en face.

Fig. 64 et 65. Tête d'un embryon de trente-neuf jours; fig. 64, vue d'en haut, fig. 65, vue en face.

Fig. 66—70. Embryon de quarante jours; fig. 66, vaisseaux du foie vus d'en haut; fig. 67, l'anus vu de profil; fig. 68, la région du foie; fig. 69, la tête vue de profil; fig. 70, l'oreille.

Fig. 71. Embryon de quarante-deux jours.

Fig. 72—76. Embryon de quarante-six jours; fig. 72, la tête vue de profil; fig. 73, la région pectorale vue d'en haut; fig. 74, l'œil vu d'en haut; fig. 75, le cœur vu d'en haut; fig. 76, le tronc vu de profil.

Fig. 77—81. Embryon de cinquante-un jours; fig. 77, la tête vue de profil; fig. 78, l'oreille, vue de profil; fig. 79, l'oreille vue d'en haut; fig. 80, la nageoire pectorale, l'intestin et le foie vus d'en haut; fig. 81, les mêmes, vus de profil.

Fig. 82—84. Embryon de cinquante-six jours; fig. 82, vu d'en haut; fig. 83, la tête vue d'en haut; fig. 84, la tête vue de profil.

Fig. 85 et 86. Le jeune poisson immédiatement après l'éclosion; fig. 85, vu de profil; fig. 86, la tête vue d'en bas.

Fig. 87. L'intestin, le foie et la vessie natatoire d'un poisson de six semaines.

Fig. 60—63. Kopf des Embryo von acht und dreissig Tagen; Fig. 60, von oben; Fig. 61, von der Seite; Fig. 62, von hinten; Fig 63, von vorn.

Fig. 64 und 65. Kopf des Embryo von neun und dreissig Tagen; Fig. 64, von oben; Fig. 65, von vorn.

Fig. 67—70. Embryo von vierzig Tagen; Fig. 67, After von der Seite; Fig. 68, Rückengegend von der Seite; Fig. 69, Kopf von der Seite; Fig. 70, Ohr.

Fig. 71. Embryo von zwei und vierzig Tagen.

Fig. 72—76. Embryo von sechs und vierzig Tagen; Fig. 72, Kopf von der Seite; Fig. 73, Pectoralgegend von oben; Fig. 74, Auge von oben; Fig. 75, Herz von oben; Fig. 76, Rumpf von der Seite.

Fig. 77—81. Embryo von ein und fünfzig Tagen; Fig. 77, Kopf von der Seite; Fig. 78, Ohr von der Seite; Fig. 79, von oben; Fig. 80, Pectoralflosse, Darm und Leber, von oben; Fig. 81, von der Seite.

Fig. 82—84. Embryo von sechs und fünfzig Tagen; Fig. 82, von vorn; Fig. 83, Kopf von vorn; Fig. 84, von der Seite.

Fig. 85 und 86. Der junge Fisch unmittelbar nach dem Ausschlüpfen; Fig. 85, von der Seite; Fig. 86, Kopf von unten.

Fig. 87. Darmkanal, Leber und Schwimmblase eines sechs Wochen alten Fisches.

Fig. 60—63. Head of an embryo thirty eight days old; fig. 60, seen from above; fig. 61, sideways; fig. 62, from behind; fig. 63, facing.

Fig. 64 and 65. Head of an embryo thirty nine days old; fig. 64, from above; fig. 65, facing.

Fig. 66—70. Embryo forty days old; fig. 66, the vessels of the liver from above; fig. 67, the anus sideways; fig. 68, the region of the liver; fig. 69, the head sideways; fig. 70, the ear.

Fig. 71. Embryo forty two days old.

Fig. 72—76. Embryo forty six days old; fig. 72, the head sideways; fig. 73, the pectoral region from above; fig. 74, the eye from above; fig. 75, the heart from above; fig. 76, the trunk sideways.

Fig. 77—81. Embryo fifty one days old; fig. 77, the head seen sideways; fig. 78, the ear sideways; fig. 79, the ear from above; fig. 80, the pectoral fin, the intestinal tube and the liver from above; fig. 81, the same sideways.

Fig. 82—84. Embryo fifty six days old; fig. 82, from above; fig. 83, the head seen from above; fig. 84, the head seen sideways.

Fig. 85 and 86. The young fish immediately after the eclosion; fig. 85, sideways; fig. 86, the head from beneath.

Fig. 87. The intestinal tube, the liver and the swimming bladder of a fish six weeks old.

Embryologie des Salmones — Entwicklung der Salmonen — Embryology of the Salmonidae.

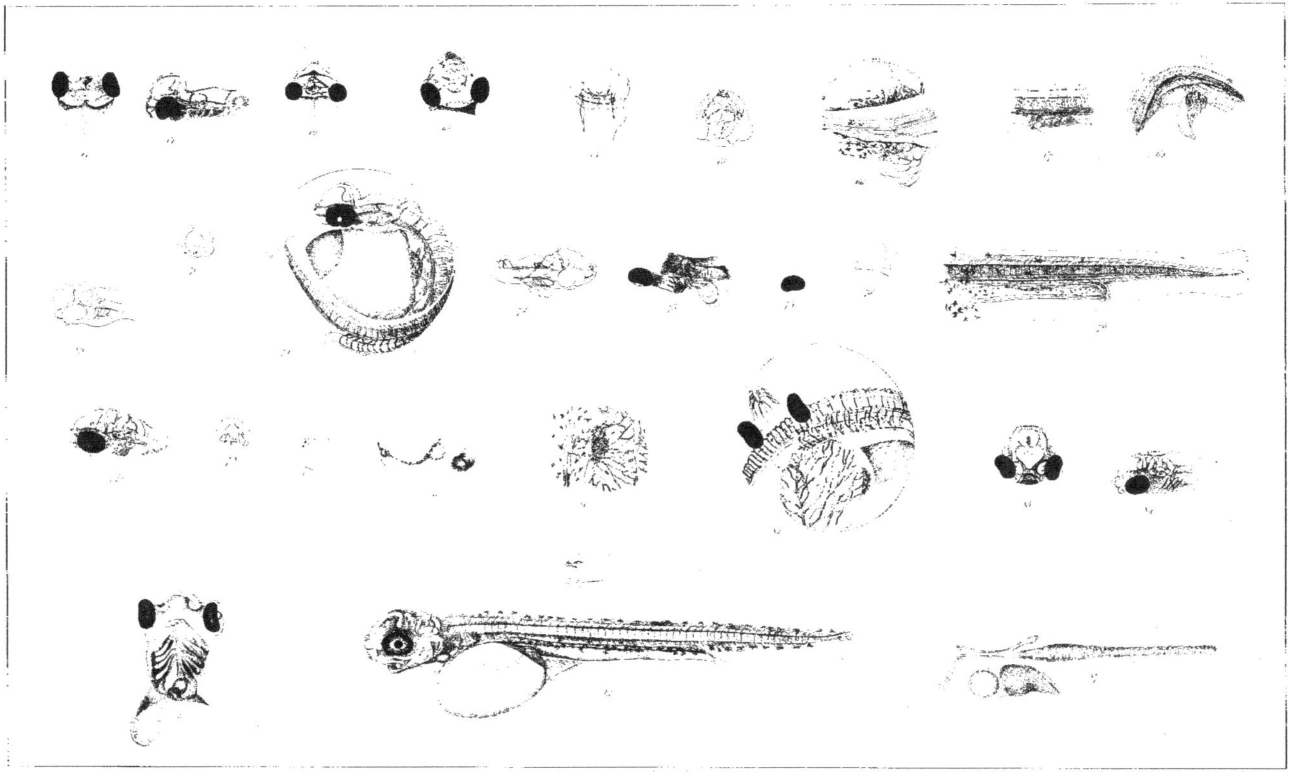

Embryogénie des Salmones   Entwicklung der Salmonen   Embryology of the Salmonidae.

TAB. IV.

Fig. 88. La jeune Palée quinze jours après l'éclosion.

Fig. 89—98. La jeune Palée de six semaines; fig. 89, vue de profil; fig. 90, partie antérieure du corps vue d'en bas; fig. 91, esquisse de la circulation; fig. 92—98, coupes transversales du corps du poisson. Les endroits ou ces coupes sont prises, sont indiqués sur la planche 4 a par des chiffres correspondans.

Fig. 88. Der junge Fisch vierzehn Tage nach dem Ausschlüpfen.

Fig. 89—98. Der junge Fisch nach sechs Wochen: Fig. 89, Seitenansicht; Fig. 90, Ansicht des Vorderkörpers von unten: Fig. 91, Schema des Blutlaufes; Fig. 92—98, Durchschnitte des Fisches. Die Stellen, wo diese Durchschnitte gemacht werden, sind auf der Lineartafel, Taf. 4 a, mit Linien unter entsprechenden Nummern bezeichnet.

Fig. 88. The young Coregonus fifteen days after the eclosion.

Fig. 89—98. The young Coregonus six weeks old; fig. 89, sideways; fig. 90, anterior part of the body from beneath; fig. 91, sketch of the circulation. Fig. 92—98, ransversal sections of the body of the fish. The points where the sections are taken, are indicated on Pl. 4 a by corresponding numbers.

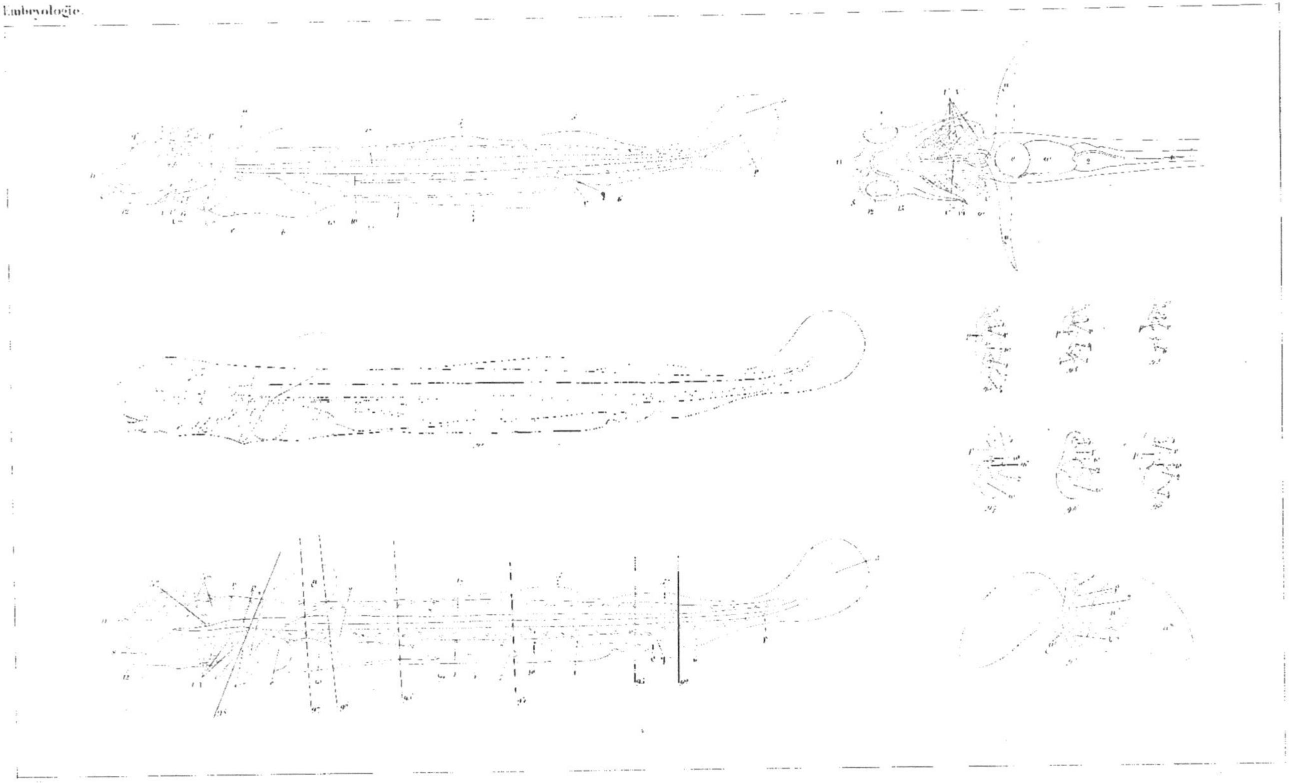

Embryologie des Salmones   Entwicklung der Salmonen.   Embryology of the Salmonidæ

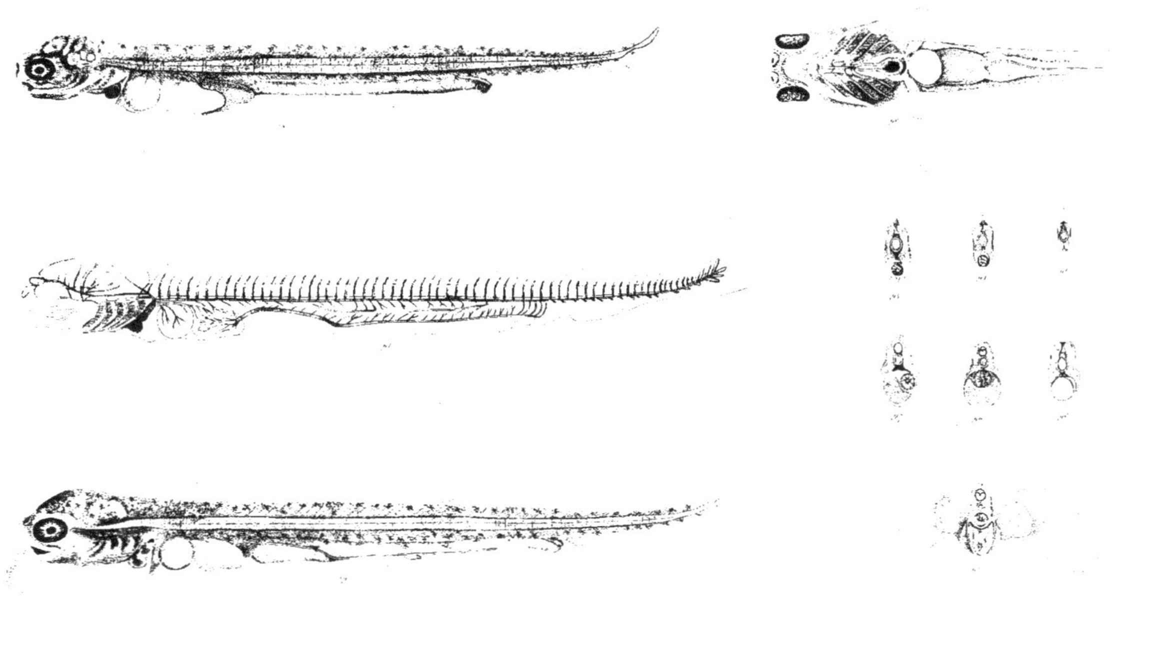

Embryologie des Salmones *Entwicklung der Salmonen* *Embryology of the Salmonidae*

TAB. V.

Fig. 99 et 100. L'œuf deux jours après sa fécondation : fig. 99, le germe de l'embryon vu de profil ; fig. 100, cellules du germe embryonique.

Fig. 101. Apparition du premier sillon, au second jour.

Fig. 102—106. Développement des sillons ; fig. 104, œuf traité à l'acide pour mieux faire ressortir les contours du germe.

Fig. 107 et 108. Forme de mûre qu'affecte le germe embryonique ; fig. 108, l'œuf traité à l'acide.

Fig. 109—115. Germe embryonique, immédiatement après la disparition des sillons ; fig. 109, vu de profil, fig. 110, vu d'en haut ; fig. 111, cellules de la couche inférieure ; fig. 112, cellules de la couche moyenne ; fig. 113 et 114, cellules de la couche extérieure du germe embryonique ; fig. 115, cellules de la couche moyenne traitées à l'acide.

Fig. 116—120. Différens états de l'embryon, relativement au vitellus, entre le sixième et le huitième jour.

Fig. 121—123. Embryon au neuvième jour ; fig. 121, l'œuf traité à l'acide, vu de profil ; fig. 122, projection de l'embryon traité à l'acide : fig. 123, cellules de l'embryon.

Fig. 124 et 125. Projections de l'embryon traité à l'acide ; fig. 124 au dixième jour ; fig. 125 au onzième jour.

Fig. 126. Cellules d'un embryon de douze jours.

Fig. 127—129. Projection de l'embryon traité à l'acide ; fig. 127, au treizième, fig. 128, au quatorzième, fig. 129, au quinzième jour.

Fig. 130—132. Embryon de quinze jours ; fig. 130, la tête vue de profil avec ses cellules ; fig. 131, l'oreille ; fig. 132, l'œil vu d'en haut.

Fig. 133 et 134. Projections de l'embryon traité à l'acide ; fig. 133, au dix-septième jour ; fig. 134, au vingtième jour.

Fig. 135. Projection du même embryon sans préparation acide.

Fig. 99 und 100. Zweiter Tag ; Fig. 99, die Embryonalanlage ; Fig. 100, Zellen derselben.

Fig. 101. Erscheinen der ersten Furche am zweiten Tage.

Fig. 102—106. Ansichten der fortschreitenden Furchenbildung, Fig. 104 mit Säure behandelt, um die Umrisse der Embryonalanlage deutlicher zu zeigen.

Fig. 107—108. Maulbeerform der Embryonalanlage ; Fig. 108, mit Säure behandelt.

Fig. 109—115. Die Embryonalanlage unmittelbar nach der Beendigung der Furchenbildung ; Fig. 109, von der Seite ; Fig. 110, von oben ; Fig. 111, Zellen der untersten ; Fig. 112, der mittleren ; Fig. 113 und 114, der äussersten Schicht der Embryonalanlage ; Fig. 115, Zellen der mittleren Schicht mit Säure behandelt.

Fig. 116—120. Verschiedene Stadien der allmähligen Sonderung von Embryo und Dotterblase, vom sechsten bis zum achten Tag.

Fig. 121—123. Der Embryo am neunten Tage ; Fig. 121, Ansicht des mit Säure behandelten Eies ; Fig. 122, Projection des mit Säure behandelten Embryos ; Fig. 123, Zellen desselben.

Fig. 124 und 125. Projectionen des mit Säure erhärteten Embryo ; Fig. 124, am zehnten Tage ; Fig. 125, am eilften Tage.

Fig. 126. Zellen des Embryo's von zwölf Tagen.

Fig. 127—129. Projectionen des mit Säure behandelten Embryo's ; Fig. 127, am dreizehnten ; Fig. 128, am vierzehnten ; fig. 129, am fünfzehnten Tage.

Fig. 130—132. Embryo von fünfzehn Tagen ; Fig. 130, Kopf von der Seite ; Fig. 131, Ohr ; Fig. 132, Auge von vorn gesehen.

Fig. 133 und 134. Projectionen des mit Säure behandelten Embryo ; Fig. 133, am siebenzehnten ; Fig. 134, am zwanzigsten Tage.

Fig. 135. Projection des zwanzigtägigen Embryo, ohne vorhergängige Erhärtung durch Säure.

Fig. 99 and 100. The egg two days after fecondation : fig. 99, the germ seen sideways ; fig. 100, cells of the embryonic germ.

Fig. 101. Appearance of the first sulcus, two days after fecondation.

Fig. 102—106. Development of the sulci ; fig. 104, shows an egg prepared with acid, in order to show the outline of the germ.

Fig. 107—108. Mulberry-form of the embryo ; fig. 108, the egg prepared with acid.

Fig. 109—115. The germ immediately after the disappearance of the sulci ; fig. 109, seen sideways ; fig. 110, from above ; fig. 111, cells of the inferior layer ; fig. 112, cells of the middle layer ; fig. 113 and 114, cells of the exterior layer of the embryonic germ ; fig. 115, cells of the middle layer prepared with acid.

Fig. 116—120. Different states of the embryo relative to the vitellus, between the sixth and the eighth day.

Fig. 121—123. Embryo nine days old ; fig. 121, the egg prepared with acid, seen sideways ; fig. 122, shows the projection of the embryo prepared with acid ; fig. 123, cells of the embryo.

Fig. 124—125. Projection of the embryo prepared with acid ; fig. 124, the tenth day ; fig. 125, the eleventh day.

Fig. 126. Cells of an embryo twelve days old.

Fig. 127—129. Projection of the embryo prepared with acid ; fig. 127, the thirteenth day ; fig. 128, the fourteenth day ; fig. 129, the fifteenth day.

Fig. 130—132. Embryo fifteen days old ; fig. 130, the head with its cells seen sideways ; fig. 131, the ear ; fig. 132, the eye from above.

Fig. 133—134. Projections of the embryo prepared with acid ; fig. 133, the seventeenth day ; fig. 134, the twentieth day.

Fig. 135. Projection of the same embryo without acid preparation.

Embryologie des Salmones

Entwicklung der Salmonen

Embryology of the Salmonidæ

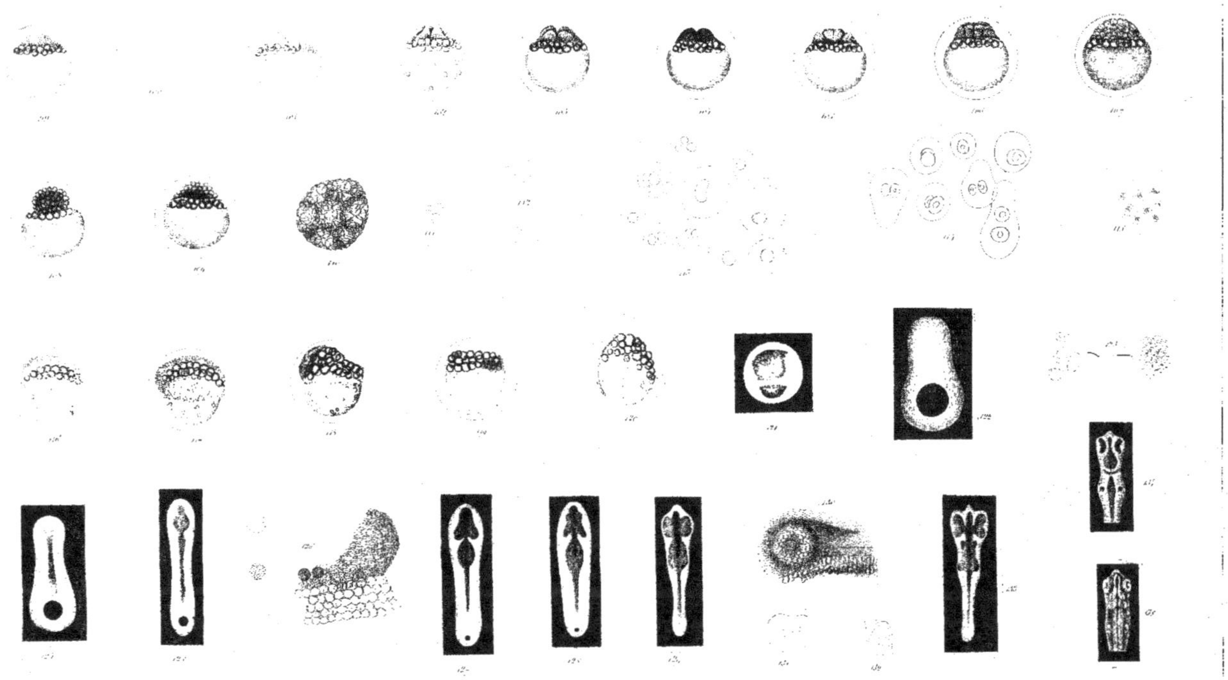

Embryologie des Salmones. Entwicklung der Salmonen. Embryology of the Salmonidae.

TAB. VI.

Fig. 136. Embryon de vingt-deux jours avec ses cellules.

Fig. 137. Partie antérieure d'un embryon de vingt-trois jours, vue de profil.

Fig. 138 et 139. Fragment d'un embryon de vingt-cinq jours; fig. 138, vu de profil; fig. 139, vu d'en haut.

Fig. 140. Embryon de trente jours, vu de profil.

Fig. 141. Tronc d'un embryon de vingt-huit jours.

Fig. 142. Embryon de trente-trois jours.

Fig. 143 et 144. Tête d'un embryon de vingt-sept jours; fig. 143, vue de profil; fig. 144, vue d'en haut.

Fig. 145—151. Organes auditifs à différentes époques du développement; fig. 145, au trente-cinquième jour; fig. 146, au trente-sixième jour; fig. 147, au quarantième jour; fig. 148, au quarante-deuxième jour; fig. 149, au quarante-huitième jour; fig. 150, au cinquante-deuxième jour; fig. 151, au cinquante-neuvième jour.

Fig. 152. Cerveau d'une jeune Palée, un mois après l'éclosion.

Fig. 136. Embryo von zwei und zwanzig Tagen.

Fig. 137. Vordertheil eines Embryo von drei und zwanzig Tagen, von der Seite.

Fig. 138—139. Rumpf eines Embryo von fünf und zwanzig Tagen; Fig. 138, von der Seite; Fig. 139, von oben.

Fig. 140. Embryo von dreissig Tagen, von der Seite.

Fig. 141. Rumpf eines Embryo von acht und zwanzig Tagen.

Fig. 142. Embryo von drei und dreissig Tagen.

Fig. 143—144. Kopf eines Embryo von sieben und zwanzig Tagen; Fig. 143, von der Seite; Fig. 144, von oben.

Fig. 145—151. Gehörorgane aus verschiedenen Zeiten der Entwicklung; Fig. 145, von fünf und dreissig Tagen; Fig. 146, von sechs und dreissig Tagen; Fig. 147, von vierzig Tagen; Fig. 148, von zwei und vierzig Tagen; Fig. 149, von acht und vierzig Tagen; Fig. 150, von zwei und fünfzig Tagen; Fig. 151, von neun und fünfzig Tagen.

Fig. 152. Gehirn eines jungen Fisches, vier Wochen nach der Enthüllung.

Fig. 136. Embryo twenty days old, with it cells.

Fig. 137. Anterior part of an embryo twenty three days old, seen sideways.

Fig. 138—139. Fragment of an embryo twenty five days old; fig. 138, sideways; fig. 139, from above.

Fig. 140. Embryo thirty days old seen sideways.

Fig. 141. Trunk of an embryo, twenty eight days old.

Fig. 142. Embryo of thirty three days.

Fig. 143—144. Head of an embryo twenty seven days old; fig. 143, sideways; fig. 144, from above.

Fig. 145—151. Organs of hearing in different states of development; fig. 145, the thirty fifth day; fig. 146, the thirty sixth day; fig. 147, the fortieth day; fig. 148, the forty second day; fig. 150, the fifty second day; fig. 151, the fifty ninth day.

Fig. 152. The brain of a young Coregonus, a month after eclosion.

Embryologie des Salmones. *Entwicklung der Salmonen.* *Embryology of the Salmonidae.*

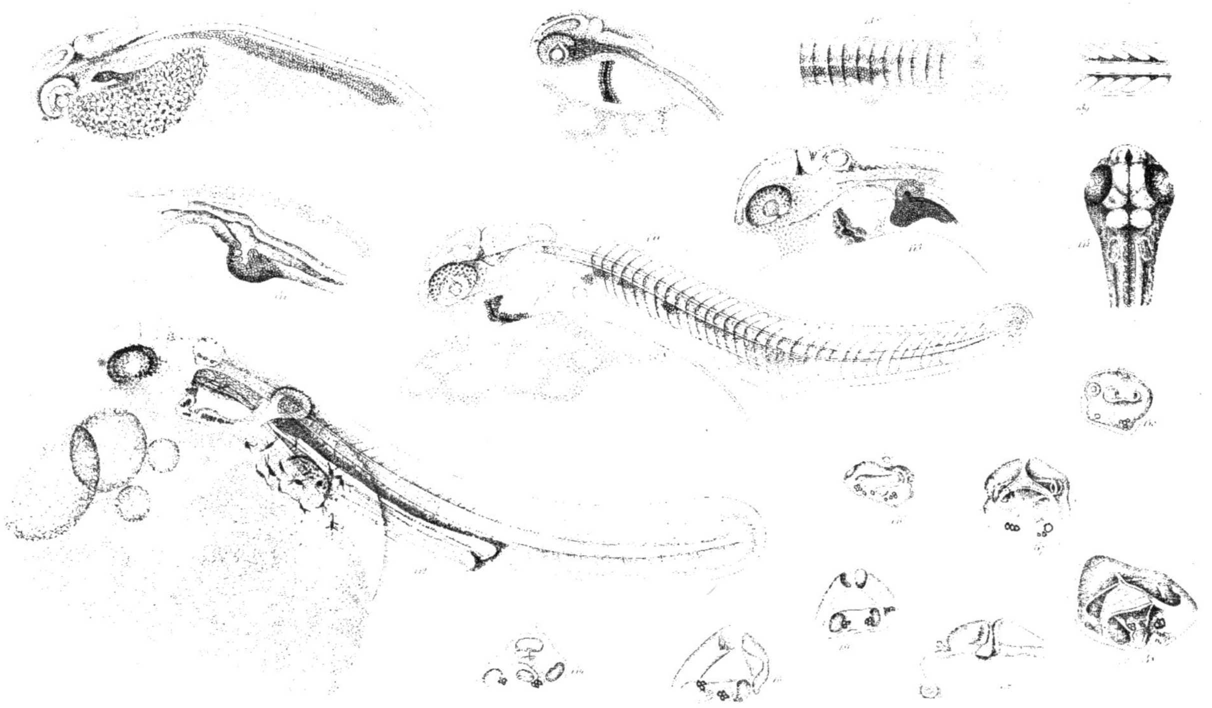

Embryologie des Salmones

Entwicklung der Salmonen

Embryology of the Salmonidae

TAB. VII.

Fig. 153—164. Différentes parties du jeune poisson, peu de temps après l'éclosion ; fig. 153, la téte, vue d'en haut ; fig. 154, la tête, vue d'en bas ; fig. 155, la tête, vue de profil ; fig. 156, la bouche, fortement grossie ; fig. 157, l'oreille ; fig. 158, le nez vu de profil ; fig. 159, le nez vu d'en haut ; fig. 160, le nez d'un poisson adulte ; fig. 161, cellule de piment noir du dos ; fig. 162, l'estomac ; fig. 163, cellules cartilagineuses de la base du crâne ; fig. 164, cellules de piment brun.

Fig. 165—168. Différentes parties d'une jeune Palée, âgée d'un mois ; fig. 165, l'oreille, vue de profil ; fig. 166, la base du crâne, vue d'en bas ; fig. 167, l'os hyoïde et l'appareil branchial, vus d'en haut ; fig. 168, coupe d'une vertèbre. La petite figure au trait, à gauche, représente la grandeur naturelle de cette coupe.

Fig. 169—175. Ces figures sont relatives au jeune Saumon, *Salmo Salar* Angl.

Fig. 169. Embryon près d'éclore.

Fig. 170. Jeune Saumon venant d'éclore.

Fig. 171. Petit Saumon, âgé de quinze jours.

Fig. 172. Petit Saumon âgé de trois mois.

Fig. 173—175. Ecailles d'un jeune Saumon de trois mois ; fig. 173, écaille du dos ; fig. 174, écaille de la ligne latérale ; fig. 175, écaille du ventre.

Fig. 153—164. Der junge Fisch kurz nach seiner Enthüllung ; Fig. 153, Kopf von oben ; Fig. 154, von unten ; Fig. 155, von der Seite ; Fig. 156, das Maul stärker vergrössert ; Fig. 157, das Ohr ; Fig. 158, die Nase von der Seite ; Fig. 159, von oben ; Fig. 160, Nase eines älteren Fisches ; Fig. 161, schwarze Pigmentzelle des Rückens ; Fig. 162, der Magen ; Fig. 163, Knorpelzellen der Schädelbasis ; Fig. 164, braune Pigmentzellen.

Fig. 165—168. Theile des jungen, einen Monat alten Fisches ; Fig. 165, Ohr von der Seite ; Fig. 166, Schädelbasis von unten ; Fig. 167, Zungenbein und Kiemenapparat von oben ; Fig. 168, Durchschnitt eines Wirbels. Die kleine Linearzeichnung links zeigt den Durchschnitt in natürlicher Grösse.

Fig. 169—175. Betreffen den jungen Salmen, *Salmo Salar* Angl.

Fig. 169. Zum Ausschlüpfen reifes Ei.

Fig. 170. Junger, eben ausgeschlüpfter Fisch.

Fig. 171. Vierzehn Tage alter Fisch.

Fig. 172. Salmling von drei Monaten.

Fig. 173—175. Schuppen eines dreimonatlichen Salmlings ; Fig. 173, Rückenschuppe ; Fig. 174, Schuppe aus der Seitenlinie ; Fig. 175 ; Bauchschuppe.

Fig. 153—164. Different parts of the young fish soon after eclosion ; fig. 153, the head from above ; fig. 154, the head from beneath ; fig. 155, the head sideways ; fig. 156, the mouth highly magnified ; fig. 157, the ear ; fig. 158, the nose sideways ; fig. 159, the nose seen from above ; fig. 160, the nose of an adult fish ; fig. 161, cells of black pimentum ; fig. 162, the stomach ; fig. 163, cartilaginous cells of the base of the scull ; fig. 164, cells of brown pimentum.

Fig. 165—168. Different parts of a young Coregonus, a month old ; fig. 165, the ear sideways ; fig. 166, the base of the scull from beneath ; fig. 167, the hyoid bone and the branchial apparatus from above ; fig. 168, section of a vertebre. The little outline on the left, shows the natural size of the section

Fig. 169—175 concern the young Salmon *Salmo Salar* Angl.

Fig. 169. The embryo just before the eclosion.

Fig. 170. A young Salmon just after eclosion.

Fig. 171. A little Salmon a fortnight old.

Fig. 172. A little Salmon three months old.

Fig. 173—175. Scales of a fish three months old. Fig. 173. Dorsal scale ; fig. 174 scale of the lateral line ; fig. 175, ventral scale.

Embryologie des Salmones. Entwicklung der Salmonen. Embryology of the Salmonidæ.

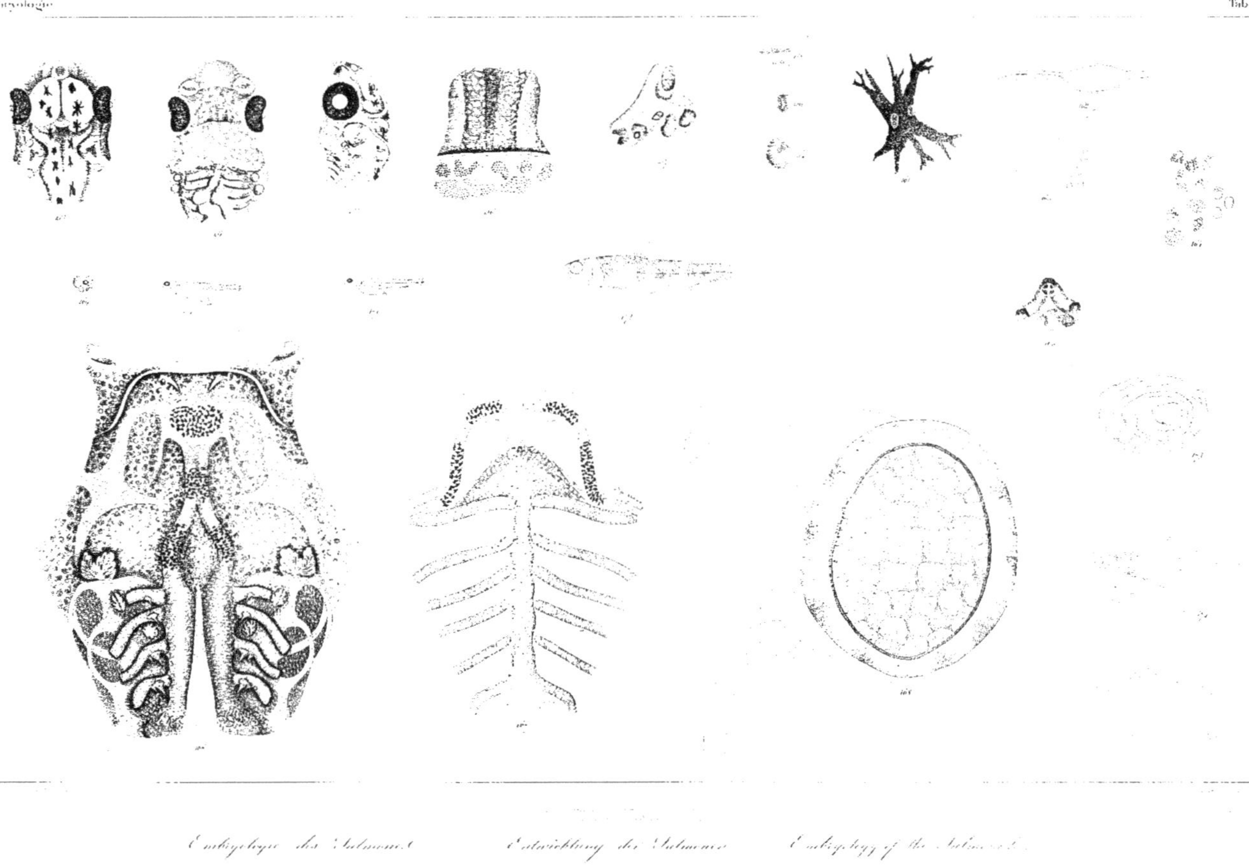

Embryologie des Salmones   Entwicklung der Salmonen   Embryology of the Salmones

www.ingramcontent.com/pod-product-compliance
Lightning Source LLC
LaVergne TN
LVHW050459160826
845677LV00003B/833

* 9 7 8 2 3 2 9 6 6 5 4 2 9 *